BEI GRIN MACHT SICH IHR WISSEN BEZAHLT

- Wir veröffentlichen Ihre Hausarbeit,
  Bachelor- und Masterarbeit

- Ihr eigenes eBook und Buch -
  weltweit in allen wichtigen Shops

- Verdienen Sie an jedem Verkauf

Jetzt bei www.GRIN.com hochladen
und kostenlos publizieren

Mario Weissensteiner

Erfolgsprinzipien von Hochleistungsteams

GRIN Verlag

Bibliografische Information der Deutschen Nationalbibliothek:

Die Deutsche Bibliothek verzeichnet diese Publikation in der Deutschen National-
bibliografie; detaillierte bibliografische Daten sind im Internet über http://dnb.d-
nb.de/ abrufbar.

Impressum:

Copyright © 2010 GRIN Verlag GmbH
Druck und Bindung: Books on Demand GmbH, Norderstedt Germany
ISBN: 978-3-640-74725-2

Dieses Buch bei GRIN:

http://www.grin.com/de/e-book/161253/erfolgsprinzipien-von-hochleistungsteams

GRIN - Your knowledge has value

Der GRIN Verlag publiziert seit 1998 wissenschaftliche Arbeiten von Studenten, Hochschullehrern und anderen Akademikern als eBook und gedrucktes Buch. Die Verlagswebsite www.grin.com ist die ideale Plattform zur Veröffentlichung von Hausarbeiten, Abschlussarbeiten, wissenschaftlichen Aufsätzen, Dissertationen und Fachbüchern.

Besuchen Sie uns im Internet:

http://www.grin.com/

http://www.facebook.com/grincom

http://www.twitter.com/grin_com

Inhaltsverzeichnis

1 Einleitung

Unter dem Begriff Leadership versteht man in der Literatur eine Methode, mit welcher Menschen für gesetzte Ziele zu motivieren sind. Es gibt eine Vielzahl wissenschaftlicher Arbeiten, die sich mit der Begründung bis zur heutigen Umsetzung der Menschenführung befassen. Ich möchte mit dieser Seminararbeit keineswegs eine wiederholte Aufarbeitung von Führungstheorien, Führungsfunktionen bzw. Führungsstile im klassischen Sinne durchführen, vielmehr möchte ich in komprimierter Form aufzeigen, wie Teamführung auf höchstem Niveau praktiziert werden kann.

Nach umfangreicher Recherche über das breit gestreute Themengebiet Leadership wurde ich bei einem Buch fündig, dessen Inhalt sich genau mit meinem Interesse für dieses Thema wiederspiegelt. Da ich selbst sportlich sehr begeistert bin und nach wie vor in einem Verein Fußball spiele, bin ich jede Woche fasziniert, welche Motivationskünste ein Trainer, im heutigen Sprachgebrauch Coach, besitzt bzw. besitzen muss. Aber ist es wirklich diese eine Person, die all dies bewirkt? Oder ist es das Team selbst, welches die Ziele leben muss?

Ich möchte mit dieser Arbeit folgende Fragen beantworten: "Was macht gute Teamführung aus?" und "Was machen erfolgreiche Teams anders als weniger erfolgreiche?". Ich werde hierzu einen komprimierten Überblick der fünf Erfolgsprinzipien von High-Performance-Teams in Anlehnung an Professor Dr. Wolfgang Jenewein[1] von der Universität St. Gallen geben. Im Anschluss daran werde ich diese Erfolgsprinzipien anhand des Changeprozesses des Deutschen Fußball-Bundes in den Jahren 2004 bis 2006 analysieren.

Erfolg kommt nicht von ungefähr. Was Ihnen widerfährt,
hängt nicht von Glück oder Zufall ab. Es gibt für alles einen Grund.

Kausalitätsgestz des Aristoteles

---

[1]Prof. Dr. Wolfgang Jenewein ist Managing Director des Executive-MBA-Programms der Universität St. Gallen und Professor für Betriebswirtschaftslehre an der Universität St. Gallen sowie Dozent an der University of Toronto und der Universität Innsbruck. Wolfgang Jenewein studierte Betriebswirtschaftslehre und Volkswirtschaftslehre und promovierte an der Universität St. Gallen mit magna cum laude zum Thema Personalführung. Heute arbeitet er an seiner Habilitation zum innengerichteten Markenmanagement.

2 Das 5-Stufenmodell (Erfolgsfaktoren)

Die fünf Erfolgsfaktoren von Professor Jenewein lassen sich vereinfacht als Stufenmodell veranschaulichen. Es kann als Leitgedanke für die Führung von großen Arbeitsteams dienen. Die einzelnen Stufen werden von unten nach oben durchlaufen, wobei die tieferliegenden Stufen erfolgreich gemeistert werden müssen, um die nächsthöhere Stufe zu bewältigen. Tritt jedoch in der übergeordneten Ebene ein scheinbar unüberwindbares Problem auf, so muss eine Stufe zurückgetreten werden, um das Problem in der darunterliegenden Ebene zu durchleuchten bzw. eine Klärung zu erreichen. Beispielsweise könnte in einem Projektteam die Überschreitung einer vorgegebenen Frist ein großes Problem darstellen. Es muss zunächst eine interne Analyse erfolgen, wer oder was für diesen Terminverzug verantwortlich ist. Es könnte sich um eine Fehlplanung der Zulieferkette handeln. Das bedeutet, man befände sich auf Stufe der Rollen- und Prozessebene. Jetzt tritt der Projektleiter in Kraft, der nun die Aufgabe hat, die Spielregeln innerhalb des Teams zu überprüfen bzw. Commitment zu fordern und Feedback zu geben. Sollte jedoch auf der Ebene der Rollen keine einvernehmliche Lösung gefunden werden, muss geprüft werden, ob die im Projektteam mitwirkenden Personen die richtigen sind. Insbesondere bei wiederkehrenden Problemen in der Zusammenarbeit, sollte sich das Team Gedanken über die personelle Zusammensetzung machen. Sollten Projektziele nachhaltig gefährdet sein, darf die Frage personeller Konsequenzen kein Tabuthema sein.[1]

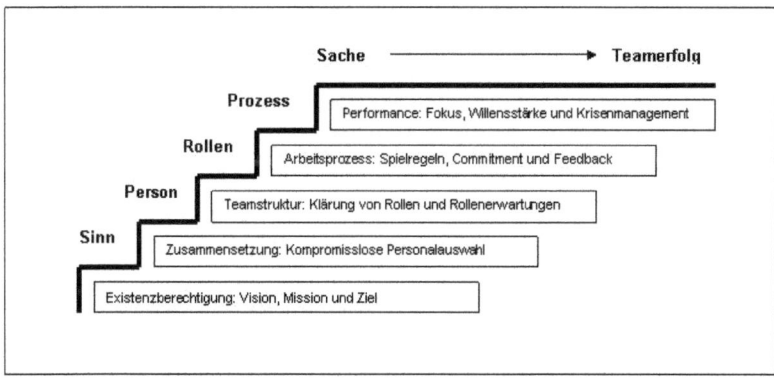

Abbildung 2.1: 5-Stufen-Modell[1]

3 Warum gibt es uns als Team? - Die Bedeutung von Vision, Mission und Ziel

Um die essentielle Frage zu beantworten, warum ein Team eine Existenzberechtigung hat, müssen zunächst die Begriffe **Vision**, **Mission** und **Ziel** genau definiert und unterschieden werden.

- **Vision:** Eine Vision ist ein zunächst in der Vorstellung entworfenes Bild, welches den Zustand des Teams in der Zukunft wiederspiegelt. Von einer Vision geht Motivationskraft aus und ist anfangs mit dem Wunschdenken vergleichbar. Wichtig ist die Vision für das Ableiten der Mission.

- **Mission:** Unter Mission versteht man die Vorgabe, wie ein Auftrag auszuführen ist. Es handelt sich hierbei weniger um kurz- oder langfristige Zielzustände, vielmehr um das Verhalten, welches während der Aufgabenerfüllung eingehalten werden muss. Das strikte Einhalten der Missionsvorgaben ist entscheidend für das Erreichen von überdurchschnittlicher Leistung.

- **Ziel:** Ein Ziel ist die exakte Beschreibung eines in der Zukunft liegenden Zustands. Beispielsweise definiert ein Projektziel den Endpunkt der Teamanstrengungen bzw. des Arbeitsprozesses. Oftmals hat ein Projektziel die Auflösung eines Projektteams zur Folge. Ein Ziel kann beispielsweise mit zeitlichen Kriterien oder mit leistungsorientierten Kriterien definiert werden. Wichtig ist zu verinnerlichen, dass ein Ziel entweder erreicht oder eben nicht erreicht wird.[1]

3.1 Eindeutigkeit der Teamaufgabe

Nur mit einem klaren Ziel können geeignete Maßnahmen getroffen werden, mit denen das Ziel erreicht werden kann. In High-Performance-Teams existiert ein klares und gemeinsam geteiltes Verständnis von einer Teamaufgabe. Jedoch ist dieses gemeinsame Verständnis mit zunehmender Teamgröße immer schwieriger umzusetzen. Jedes Teammitglied muss sich mit der Vision identifizieren können, um ein Ziel im Kollektiv zu erreichen. Problematisch ist das Verfolgen einer Vision bei kurzfristigen Veränderungen. Dies ist beispielsweise im Change-Management[1] der Fall.

In der Literatur wird in der Regel das Führen über Ziele empfohlen. Insbesondere wird oft der Begriff Management-by-Objectives (MbO) verwendet. Hierbei handelt es sich immer um eine Transaktion. Das heißt, der Vorgesetzte (Führerkraft) gibt ein Ziel vor und belohnt oder bestraft den Untergebenen für dessen abgelieferte Leistung. Kurz gesagt bedeutet dies **Belohnung gegen Leistung**.

---

[1]Unter dem Begriff Change-Management wird die Neustrukturierung im Unternehmen verstanden. Ein Veränderungsprozess wird immer dann durchgeführt, wenn das Unternehmen bzw. ein Teil der Unternehmung nicht mehr ausreichend kompetitiv ist. Ein Chance-Management hat oftmals personelle Konsequenzen.

Die Vorteile von Zielvereinbarung können wie folgt definiert werden:

Transaktionale Führung

Vorteile von Zielvereinbarungen ...	
... für das Unternehmen	... für den Mitarbeiter
Konzentration auf Prioritäten	Strukturiertes, konzentriertes Arbeiten
Bessere Ergebnisse	Klarheit über die Erwartungen
Schnellere Verbesserung	Transparenz von Ergebnissen
Systematischere Erfolgskontrolle	Klare Freiräume und Eigenverantwortung
Möglichkeit zur Steuerung von Performance	Erfolgserlebnisse
Zufriedene Mitarbeiter	Gezielteres Lernen
Bessere Koordination und Zusammenarbeit	Führung einfordern können
Optimierte Ressourcenplanung	Mehr Geld für Erfolgreiche
Verbessertes Timemanagement	Mehr Identifikation und Motivation

Tabelle 3.1: Vorteile von Zielvereinbarung[2]

Eine Vielzahl empirischer Studien widerlegen, dass sich Zielvereinbarungen positiv auf die Produktivität eines Unternehmens auswirken. Zusätzlich können Zielvereinbarungen Managern bei der Auswahl, die richtigen Dinge zu tun, helfen. Denn es ist wichtiger, die richtigen Dinge zu tun, als die Dinge richtig zu tun. Der Vorteil transaktionaler Führung besteht darin, ein Ziel zu 100% zu erreichen. High-Performance-Teams versuchen jedoch vielmehr, Spitzenleistungen zu erreichen, was mit transaktionaler Führung generell nicht zu erwarten ist.

In diesem Punkt unterscheidet sich die transaktionale Führung gänzlich von der transforma-tionalen Führung. Die transformationale Führung zielt darauf ab, die Vision der Führungskraft auf das gesamte Team zu übertragen. Jedes Teammitglied muss sich mit der Vision identifi-zieren können und es sollen die Eigenheiten eines Mitarbeiters auf das übergeordnete Teamziel abgestimmt werden. Das setzt voraus, dass die individuellen Bedürfnisse des Einzelnen gestillt werden. Nur unter diesen Umständen ist ein Team fähig, Höchstleistungen zu erzielen. In einem High-Performance-Team hat jeder Einzelne das Gefühl, eine gemeinsame Mission erfüllen zu müssen. Es macht Sinn, sich persönlich anzustrengen, denn jeder Einzelne investiert all seine Energie in die gemeinsame Vision.

Die nachfolgende Abbildung veranschaulicht die vier Verhaltensweisen der transformationalen Führung.

Transformationale Führung

Persönliche Aus-strahlung	Inspiration / Mo-tivation	Intellektuelle Sti-mulierung	Individualisierte Behandlung
Enthusiasmus vermitteln	Bedeutung von Zie-len und Aufgaben erhöhen	Etablierte Denk-muster aufbrechen	Mitarbeiter Indivi-duell fördern
Als Identifikations-person wirken	Emotional begeis-tern	Neue Einsichten vermitteln	Individuelle Bedürf-nisse oder Mitarbei-ter integrieren
Fair und integer[2] handeln	Eine fesselnde Visi-on vermitteln	Den Status-quo her-ausfordern	Situative Lösungen finden

Tabelle 3.2: Erwartetes Führungsverhalten[2]

Neben dieser klaren Vision bzw. Ziele ist die Mission einer der Hauptbestandteile überdurch-schnittlichen Erfolgs. Jenewein und Heidbrink beschreiben die positive Wirkung einer Mission demzufolge als dass:

- die Missionsvereinbarung einen gemeinsamen Nenner bietet. Die einzelnen Charaktere kom-men sich näher und können dadurch einen Vorteil gegenüber Andere generieren.

- die Mission geregelte Verhaltensvorschriften bietet. Somit können für ein positives Mitein-ander klare Regelungen aus der Mission abgeleitet werden.

- im Misserfolgsfall zumindest die Mission eingehalten wird. Somit bleibt wenigstens ein moralischer Sieg über die Verlockung eines unethischen Vorgehens.

Ich bin nicht Euer Trainer und darum werdet Ihr von mir auch keine technischen oder taktischen Dinge hören. Trotzdem möchte ich Euch vor diesem Turnier etwas aus meiner Erfahrung mit auf den Weg geben. Es kommt bei diesem Turnier auf zwei Dinge an: Euren Kopf und Euer Herz. Darauf habt Ihr Einfluss und hier müsst Ihr alle Reserven mobilisieren. Am Ende der WM werdet Ihr dann vor dem Spiegel stehen und Euch fragen: War es ein gutes Turnier? Hab ich alles gegeben? Ihr könnt auf diese Frage alle anlügen, Eure Trainer, die Medien, Eure Frauen, aber nicht Euch selbst. Nur Ihr werdet es wissen. Und wenn Ihr ja sagen könnt und trotzdem wurde ein anderes Team Weltmeister, dann Hut ab vor dem besseren Gegner.
Oliver Bierhoff (DFB-Teammanager)

---

[2]unbescholten

• in einer gut formulierten Mission sehr viel Potential steckt. Sie fördert im besten Fall das Gute aller Teammitglieder, was in weiterer Folge zu einem starken Kollektiv wächst.[1]

Es bleibt festzuhalten, dass High-Performance-Teams genau wissen, zu welchem Zweck Sie sich zusammengefunden haben. Die gemeinsame Teamaufgabe stellt die Daseinsberechtigung dar. High-Performance-Teams genügt es nicht, einzig und alleine ein sportliches Ziel zu verfolgen. In diesen Teams wird die Einhaltung der Vorgaben und Regelungen (Mission) mindestens gleich viel Bedeutung beigemessen.

3.2 Kollektives Nutzenversprechen

Ein gesetztes Ziel sowie die Vision müssen so attraktiv sein, damit es sich lohnt, alle Energie zu mobilisieren. Der Teamspirit oder Teamgedanke hat unvorstellbar hohe Einflusskraft und kann viel Gruppendynamik hervorrufen. Welch hohe Auswirkungen dies haben kann, ist in den zwei folgenden Experimenten erkennbar.

3.2.1 Migram-Experiment

Eines der wohl bekanntesten Experimente im Zusammenhang mit Gruppendynamik bzw. Gruppendruck ist das Milgram Experiment. Die Versuchspersonen dieses Experiments wurden aufgefordert, anderen Personen Stromschläge zuzufügen, wenn diese den Anweisungen nicht Folge leisten. Es war zu erkennen, dass die Versuchspersonen Stromstöße in solch hoher Intensität verabreichten, die sogar für bleibende Schäden ausgereicht hätten. Glücklicherweise waren die untergebenen Personen Schauspieler, welche die verabreichten Stromstöße nur vorgetäuscht haben. Dieses Experiment sorgte für viel Gesprächsstoff in der Wissenschaft, da Führungskräfte oder eben höher gestellte Autoritäten in einer Gruppe kriminelle und auch unethische Verhaltensweisen zeigen können.Dieses Phänomen muss jedoch nicht immer negativ behaftet sein, beispielsweise können Vision und Missionen in den Status einer höheren Autorität gehoben werden. Dies kann sehr viel Energie jedes Einzelnen hervorrufen.[3]

3.2.2 Stanford-Prison-Experiment

Weiters ein sehr interessantes Experiment in der Geschichte der Sozialpsychologie ist das Stanford Prison Experiment. Dieses Experiment hatte der Psychologe Philip Zimbardo 1971 in einem Keller der Stanford Universität durchgeführt.[1]

Es wurde ein Gefängnisszenario nachgespielt, wobei 12 Studierende die Gefangenen und weitere 12 Studierenede die Gefängniswärter spielten. Es sollte ein 14-tägiges Experiment werden, jedoch wurde es nach bereits sechs Tagen abgebrochen. Grund dafür war, dass die Gefängniswärter zunehmend sadistischer wurden und die Gefangenen an Depressionsanzeichen litten. Auch dieses Experiment zeigt den großen Einfluss der Dynamik einer Gruppensituation auf ein Individuum.[4]

Dieses Phänomen der Gruppenzugehörigkeit, wird in der Wissenschaft als In-Group-/Out-Group-Effekt bezeichnet und tritt auch oftmals in einem Unternehmen auf. Wenn sich z.B. eine Abteilung gegen eine andere stellt und dadurch jede Abteilung an innerem Zusammenhalt gewinnt.[1]

3.3 Individuelles Nutzenversprechen

Auf der individuellen Ebene unterscheiden Jenewein und Heidbrink folgende Motive:

- **Image:** Ein renommiertes Unternehmen ruft Stolz des Einzelnen hervor.

- **Lernen:** Vor allem von erfahrenen Mitarbeitern, die sich als Spezialisten herauskristallisiert haben.

- **Anerkennung:** Die Etablierung in einem Top-Unternehmen verdient persönliche Anerkennung.

- **Aufmerksamkeit:** Wichtige Projekte haben eine erhöhte Kontrolle.

- **Marktwert:** Das Wissen von Mitarbeitern hat einen Wert.

- **Gutes Gefühl:** Man ist lieber in einem Siegerteam als in einem Verliererteam.

- **Ressourcen:** Einfacher Zugang zu personelle Ressourcen, wie Experten und materielle Ressourcen.

- **Erfolgsaussichten:** Die Erfolgsaussichten im Team sollten höher sein als solche in einem anderen Team.[1]

4 Wer darf mitmachen? - Kompromisslose Personalauswahl

Die Auswahl der Mitgliedern für High Performance Teams ist von enormer Bedeutung für den Teamoutput. In vielen Fällen ist man mit unbekannten Personen konfrontiert, die dann einem Auswahlverfahren unterzogen werden. Soll beispielsweise ein Projektteam für einen Auftrag zusammengestellt werden, so ist ein guter Kontakt zu den jeweiligen Vorgesetzten von immenser Bedeutung. In diesen Fällen ist es sehr hilfreich, ein gut gepflegtes soziales Netzwerk zu pflegen. Jenewein und Heidbrink unterscheiden bei der Personalauswahl zwischen zwei Fehlern, nämlich zwischen Alpha-Fehler und Beta-Fehler. Der Begriff Alpha-Fehler beschreibt bei der Personalauswahl jenen Fehler, bei dem Personen eingestellt werden, welche die Erwartungen nicht erfüllen. Bei einem Beta-Fehler werden bei der Personalauswahl unglücklicherweise Personen abgelehnt, welche das Team maßgeblich vorangetrieben bzw. gestärkt hätten. Das große Problem dieser Fehlentscheidungen ist die Überlappung der Grenzen dieser beiden Fehler. Wird das Selektionsverfahren äußerst streng gehandhabt, so mindert sich die Wahrscheinlichkeit, einen Alpha-Fehler zu begehen. Zugleich steigt jedoch im selben Verhältnis die Wahrscheinlichkeit, einen Beta-Fehler zu begehen.[1]

4.1 Vermeidung von Alpha- und Beta-Fehler

Es stellt sich nun die Frage, wie diesen Fehlentscheidungen entgegengewirkt werden kann. In der klassischen Wirtschaft wird häufig die Methode der Empfehlung angewandt. Mitarbeitern wird für eine erfolgreiche Vermittlung eines neuen Mitarbeiters eine Prämie zugesprochen. Diese Methode bringt mehrere Vorteile mit sich, zumal die Variante über Empfehlung kostengünstiger ist und des Weiteren es keine Probleme bei der persönlichen Anpassung im Team geben wird. Es ist unbestritten, dass bereits bestehende Teammitglieder oder Mitarbeiter die kulturellen Verhältnisse im Team am besten kennen. Natürlich existieren heutzutage viele Möglichkeiten, wie zukünftiges Personal rekrutiert werden kann. Beispielsweise gibt es interne und externe Stellenausschreibung, Praktikum, Trainee, Headhunting und Personalleasing.

Die Personalauswahl in High-Performance-Teams nimmt verstärkt darauf Bedacht, dass der Alpha-Fehler minimiert wird. Es ist zwar bedauerlich, wenn ein potentiell richtiges Teammitglied abgelehnt wird (Beta-Fehler), jedoch kann ein Alpha-Fehler weniger kompensiert werden. Natürlich hat es Vorteile, einen Top-Player an Board zu haben, da dieser dann auch keine Konkurrenz stärken kann. Es ist auch sehr wichtig, diese Top-Leute zu rekrutieren. Dennoch ist der entscheidende Punkt der Alpha-Fehler. In Hochleistungsteams gibt es keinen Platz für Mitläufer, die ihren Erwartungen nicht gerecht werden. Es muss deshalb eine kompromisslose Selektion erfolgen, die eine persönliche Komponente als auch eine fachliche Komponente beinhaltet.[1]

5 Wer macht was? - Rollenklärungen und Teamstrukturen

Sind nun die richtigen Mitarbeiter ausgewählt worden, so ist es an der Zeit, die Aufgaben unter den einzelnen Teammitgliedern zu verteilen. Die klassischen Organisationsformen, aufbauend auf dem Bürokratieansatz von Max Weber und den späteren Arbeiten von Fritz Nordsieck, wie Aufbauorganisation[1] und Ablauforganisation[2] sind für eine sehr strukturierte und analytische Aufgabenzuteilung nutzbar. Mitarbeiter werden anhand ihrer Qualifikationen für explizite Stellen aufgenommen. Hierbei findet die sogenannte Stellenbeschreibung seine Einflusskraft. Es werden nicht die Aufgaben bzw. Arbeitsschritte von Mitarbeitern festgelegt, sondern die Arbeitsschritte einer Stelle, die eine Person innehat.

In Hochleistungsteams ist diese Aufgabenzuteilung nicht das Maximum, was erreicht werden kann. Jedes Teammitglied muss sich mit dem maximalen Leistungsbeitrag einbringen, dies setzt natürlich voraus, dass die individuellen Stärken der Teammitglieder zum Tragen kommen. Grundvoraussetzung dafür ist, dass jeder ausreichend Spielraum für die Interpretation der eigenen Rolle hat. Die Hierarchie und Rollenverteilung ergeben sich durch soziale Interaktion und Selbstorganisation des Teams und nicht durch Vorgabe. Gemeinsame Arbeitszeiten und persönlicher Kontakt sind notwendig, um die eigene Struktur zu finden.

- Geben Sie Raum zur eigenständigen Aufgabenverteilung im Team

- Bringen Sie Ihr Team räumlich und zeitlich zusammen und schaffen Sie damit die Plattform für das Aushandeln einer Hierarchie

- Räumen Sie den Teammitgliedern die Freiheit der eigenständigen Interpretation ihrer Rolle ein - nur so kommen die Individuellen Stärken der Teammitglieder zur Geltung

- Bedenken Sie, dass Teamführer nur durch ihren aktuellen Leistungsbeitrag zum Teamerfolg Akzeptanz bekommen, nicht durch Status

- Nehmen Sie sich Zeit für das Aushandeln einer stabilen Teamstruktur. Konstanz ist eine Bedingung für Höchstleistung

- Treffen Sie Entscheidungen zusammen mit einem Führungsteam und vermeiden Sie Schlüssellochmanagement

- Nehmen Sie zur Teambildung das Grundprinzip von Teamarbeit, also das gemeinsame Arbeiten, wichtiger als künstlich geschaffene Team-Events[1]

---

[1]Die Aufbauorganisation ist sehr hierarchisch ausgelegt und setzt Rahmenbedingungen fest, welche Aufgaben von welchen Personen und Sachmitteln durchgeführt werden müssen. Diese Organisationsform teilt das Unternehmen in Teileinheiten, was für eine besseren Koordination dient.[5]

[2]Unter Ablauforganisation versteht man die Ermittlung und Definition von Arbeitsprozessen unter Berücksichtigung von Raum, Zeit, Sachmitteln und Personen. Sie bietet also Hilfestellung, wann wo welche Arbeiten erledigt werden sollen.[6]

6 Wie arbeiten wir zusammen? - Prozesse, Spielregeln und Feedback

In diesem Kapitel wird nun die Umsetzbarkeit von Eigenständigkeit und Freiheit in Kombination mit Regeln und Vorgaben behandelt. Jenewein und Heidbrink betrachten hierzu die folgenden vier Fragestellungen, wenn auf der Arbeitsebene scheinbar unüberwindbare Schwierigkeiten auftreten.

1. Wie viel Eigenverantwortung wird dem Teammitglied abverlangt und wie sehr wird der Expertise dieser Person vertraut? Wie viel Autonomie und Entscheidungsfreiheit wird jedem Einzelnen zugesprochen?

2. Wie viel interner Wettbewerb ist vertretbar und wie viel soziale Unterstützung ist dabei nötig?

3. Wie wird kommuniziert bzw. welche Feedback-Methode wird angewendet?

4. Wie werden Konflikte gehandhabt?

Diese Themenfelder lassen sich in strukturelle Arbeitsprinzipien und prozessuale Arbeitsprinzipien unterteilen. Strukturelle Arbeitsprinzipien klären die Spannungsfelder zwischen Kontrolle und Autonomie einerseits und Wettbewerb und sozialer Unterstützung andererseits. Zu den prozessualen Arbeitsprinzipien zählen Klärung im Hinblick auf Feedback und Umgang mit Konflikten.[1]

Arbeitsprinzipien in High-Performance-Teams			
Arbeitsautonomie	Co-opetition	Feedback-Kultur	Umgang mit Konflikten
Freedom to act Vertrauen Eigenverantwortung	Interner Wettbewerb Soziale Unterstützung	Direktes Feedback Information als Holschuld Institutionalisierte Kritik	Lösungsorientierung Respekt No Babysitting
Strukturelle Prinzipien		Prozessuale Prinzipien	

Tabelle 6.1: Arbeitsprinzipien in High-Performance-Teams[1]

6.1 Arbeitsautonomie

Die erste Vorraussetzung stellt die Arbeitsautonomie dar. Nur wenn sich jedes Teammitglied dazu berufen fühlt, eigenverantwortlich zu agieren, werden Leistungen jenseits der 100%-Norm erreicht. Werden hingegen nur Ziele vorgegeben, die von Mitarbeitern erreicht oder auch nicht erreicht werden, dann ist mit Sicherheit nicht mit außergewöhnlicher Selbstinitiative zu rechnen. Der entscheidende Faktor für maximale individuelle Leistungsfähigkeit ist daher die Arbeitsautonomie. Eine hohe Arbeitsautonomie kann bei ausgeprägter Selbstbestimmung zu erhöhtem Stress führen, weshalb im gleichen Moment eine soziale Unterstützung sowie Teamzusammengehörigkeit gewährleistet sein muss. Zusätzlich verlangt die Rollenzuteilung ausreichend viel Freiheit. Das Aushandeln von Hierarchie verlangt eben Freiräume.[1]

Es genügt nicht, den Teammitgliedern Arbeitsautonomie einzuräumen, sie müssen auch die nötige Eigenverantwortung besitzen, um diese Freiheiten sinnvoll zu nutzen. Das optimale Zusammenspiel von Wollen und Dürfen muss gefunden werden. Eine Aufforderung eines Mitarbeiters wie "Motiviere mich, Chef!" ist für High-Performance-Teams undenkbar und würde sich unweigerlich auf Kosten des Teamerfolgs auswirken. Die Führung muss einzig und allein dafür sorgen, dass der Mitarbeiter mit seinen Aufgaben teilweise überfordert ist. Immer nur Tätigkeiten zu verrichten, in denen man schon geübt ist, fördert keine Weiterbildung und der Mitarbeiter bleibt auf seinem Niveau stehen. Gute Mitarbeiter lernen sehr schnell zu schwimmen, wenn sie in das kalte Wasser geworfen werden. Natürlich sollte ein Mitarbeiter die nötige Unterstützung durch den Vorgesetzten erhalten, damit er in die Lage versetzt wird, die Aufgaben zu bewältigen.[1]

Führungskräfte haben oftmals ein Problem beim Delegieren. Deren Befürchtungen bestehen darin, einen Kontrollverlust zu erhalten und dennoch verantwortlich zu sein für den Output des Mitarbeiters. Ungeachtet dessen, kann zwischen Führungskräften und Mitarbeiter ein positives Vertrauensverhältnis angenommen werden, solang nicht das Gegenteil bewiesen ist. Insbesondere ist es bekannt, welch ein aufregendes Gefühl bei Mitarbeitern aufkommt, wenn man für eine Tätigkeit verantwortlich ist. Dies wird als Thrill-of-Empowerment bezeichnet, was bedeutet, keine doppelte Absicherung durch den unmittelbaren Vorgesetzten zu erhalten.[1]

6.2 Co-opetition

Das Kunstwort Co-opetition setzt sich aus Co-operation und Competition zusammen. Darunter wird das richtige Maß an sozialem Ausgleich und internen Wettbewerb verstanden. Insbesondere werden die Vorzüge des Wettbewerbs mit denen des sozialen Ausgleichs kombiniert. Im Vordergrund steht, zielorientiert, nachhaltig und sozial zu agieren. Im idealen Fall entsteht ein fairer und erfolgsorientierter Wettkampf.

Ein sehr passendes Beispiel lieferten hierzu die zwei Torwartanwärter der deutschen Nationalmannschaft bei der WM 2006 zwischen Oliver Kahn und Jens Lehmann. Der Trainerstab räumte gleich zu Beginn ein, dass es keine Stammplatzgarantie gibt und sich jeder der Auseinandersetzung stellen muss. Im Endeffekt wurde dann die langjährige Nummer 1 im Tor (Oliver Kahn) von Jens Lehmann abgelöst. Der Grund dafür waren die herausragenden Leistungen von Lehmann im laufenden Bewerb der Championsleague. Zusätzlich patzte Kahn im Meisterschaftsverlauf des FC Bayern. Die Eiszeit der beiden Kontrahenten barg sehr viel Gefahr zur Eskalation in sich, die jedoch aufgrund persönlicher Größe und Routine verhindert wurde. Es war ein sehr prägender Moment, als es bei der WM 2006 gegen Argentinien zum Elfmeterschießen kam. Damals ging der Ersatztormann Oliver Kahn auf Jens Lehmann zu und versöhnte sich sichtbar mit dem Kontrahenten.[1]

> *Oliver hat mir vor dem Elfer-Schießen gesagt: "Junge, das ist Dein Ding!"*
> *und mir viel Glück gewünscht. Das war eine schöne Geste, insbesondere,*
> *wenn man unsere Vorgeschichte kennt.*
>
> Jens Lehmann (ehemaliger Deutscher Nationaltorwart)

Letztenendlich ist dennoch eine Paarbeziehung auf Dauer nicht aufrechtzuerhalten, wenn ein Wettkampf auf Sieg oder Niederlage hinausläuft. Eine Lösung kann nur eine Aussöhnung mittels eines Friedensvertrages oder die Auflösung der Paarbeziehung darstellen.

6.3 Feedback-Kultur

Ein zentrales Element in Hochleistungsteams ist das Feedback. Keine Abteilung, kein Team, keine Person wird als Experte geboren. Dieses Wissen entsteht vielmehr durch einen kontinuierlichen Lernprozess, der oftmals durch viele Versuche und Fehler gekennzeichnet ist. Ein funktionierender Lernprozess besteht aus Herausforderungen und Feedback. "Man wächst mit den Aufgaben" ist hierzu ein sehr passender Ausdruck. Es existieren eine Reihe von empirischen Studien, die den positiven Effekt von Feedback bestätigen. Zusätzlich stellt sich ein höherer Lerneffekt ein, wenn ein ausführliches Feedback gegeben wird. Zuletzt sei hier erwähnt, dass gutes Feedback authentisch und situationsgerecht ist. Somit ist klar, dass man sich immer zwischen Offenheit und Wirkungsbewusstsein bewegt.[1]

Im Deutschen Fußballbund (DFB) wurde diese Feedbackkultur folgendermaßen gelebt: Zu Beginn eines Matches hielt einer der Ersatzspieler eine Ansprache an die Mannschaft. Diese war konstruktiv und mit sehr vielen motivierenden Worten behaftet.

6.4 Umgang mit Konflikten

Auch in High-Performance-Teams kommt es zu Konflikten, die auch sehr wichtig für einen Fortschritt und Zusammenhalt des Teams sind. Der Unterschied zu durchschnittlichen Teams besteht darin, dass der Umgang mit Konflikten einen eingespielten Prozess darstellt. Auf diesem Wege ist eine rasche Konfliktlösung gewährleistet. Es benötigt zwei Kompetenzen um einen Konflikt zu erkennen:

1. eine Konfliktsituation zu erkennen und

2. sich in Konflikten richtig zu verhalten.[1]

Der DFB ging in diesem Punkt sogar so weit, dass eine schriftliche Verhaltensanweisung an die Spieler ausgegeben wurde. Ein sogenannter Verhaltenskodex für das Funktionieren des Miteinanders. Gerade im Konfliktfall wurde sehr stark auf die Eigenverantwortung der Teammitglieder aufmerksam gemacht. Ein hoher gegenseitiger Respekt war das Resultat dieser Vorgehensweise.

7 Wie behalten wir das Ziel im Auge? - Willensstärke

Neben den möglichen Schwierigkeiten besteht die meiste Gefahr im Nachlassen der anfänglichen Motivation und der Geschlossenheit des Teams. Ein sehr hilfreiches Konstrukt für die Steuerung von Hochleistungsteams ist das Rubikonmodell der Handlungsphasen.[1]

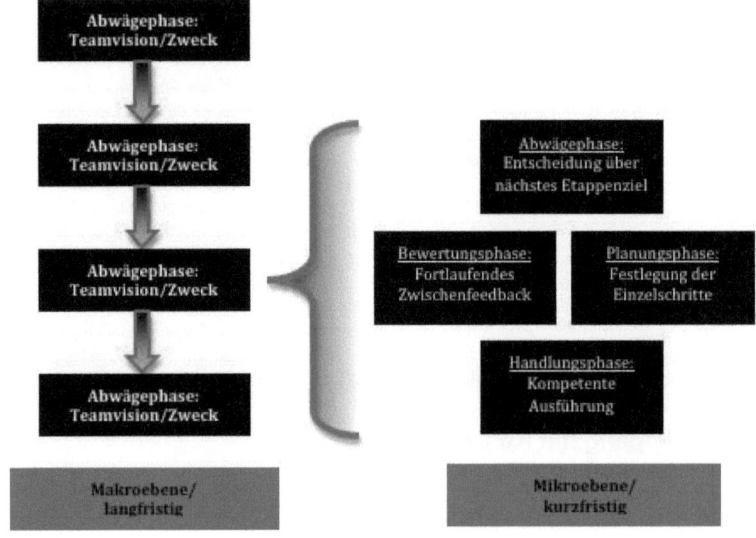

Abbildung 7.1: Rubikonmodell der Handlungsphasen[1]

- **Abwägephase:** In dieser Phase werden die Ziele mit deren Realisierungschancen bewertet. Es ist wichtig, genügend Handlungsalternativen zu finden und diese dann konstruktiv abzuwägen.
- **Planungsphase:** Hier wird ausgearbeitet, wie die Handlungsschritte aussehen und welcher Weg zur Zielerreichung eingeschlagen werden muss.
- **Umsetzungsphase:** Teamziele und Handlungsetappen sind hier das Schlagwort. Es ist wichtig ein genaues bzw. einheitliches Ziel zu verfolgen. Durch das Einführen von Feinzielen und Etappen wird die Komplexität eines Gesamtziels reduziert.
- **Bewertungsphase:** Hier erfolgt die Ist-Soll-Bewertung. Ein etwaiger Misserfolg muss genau analysiert und daraus so viel wie möglich gelernt werden.[1]

8 Leadership im Deutschen Fußball-Bund

Der Deutsche Fußball-Bund wurde am 28. Jänner 1900 gegründet. In der mittlerweile 100-jährigen Geschichte wurden zahlreiche Erfolge[1] gefeiert. Die Deutsche Nationalelf war immer unter den Top-Favoriten bei Großveranstaltungen zu finden. Es war schon fast ein blamables Ausscheiden bei der Europameisterschaft im Jahr 2004, bei der man nach desolaten Leistungen bereits in der Vorrunde aus dem Bewerb ausschied.[7] Das Management erkannte den Ernst der Lage und entschied sich für einen Change-Prozess, bei dem die veralteten Strukturen und das träge System des DFBs beseitigt wurden. Heutzutage weiß man, es gibt eine Zeit vor dem Klinsmann-Projekt und eine (sehr erfolgreiche) Zeit danach.

Jürgen Klinsmann und sein Trainerteam veränderten den DFB in fast allen Bereichen. In der Wissenschaft bezeichnet man dies als Change-Prozess zweiter Ordnung, bei dem sich im Vergleich zum Change-Prozess erster Ordnung die komplette Denkhaltung ändert. Dieser Veränderungsprozess beginnt mit folgender Frage: "Wie würde man vorgehen, wenn man von vorn anfangen könnte?".[8] Meiner Meinung nach ist dies der schwierigste Teil, wenn man aus einem normativen Team ein Hochleistungsteam kreieren will. Der Grad der Schwierigkeit geht mit der Größe des Teams und mit der Größe des gesamten Rundherum (Management, Mitglieder, Medieninteresse,...) einher. Jede Änderung stößt auf Widerstand und fordert hundertprozentige Umsetzbarkeit.

Damit die erste Stufe der 5 Erfolgsfaktoren erfolgreich umgesetzt wird, musste das Gefühl der Dringlichkeit geschafft werden und eine durchdringende Vision kommuniziert werden. Als Zielkomponente wurde der Gewinn der Weltmeisterschaft im eigenen Lande kommuniziert. Dies beinhaltete auch bereits Verhaltenskomponenten wie Begeisterung und Stolz. Das Eruieren der Defizite war relativ einfach, da es diese im DFB zur Genüge gab. Beispielsweise waren im Vergleich zu anderen Top Teams nur zwei Spieler der Stammelf im Ausland tätig, wo in der Liga teilweise Fußball auf höherem Niveau gespielt wird. Zusätzlich gab es in Deutschland immer nur einen Trainer und einen Cotrainer, die für alles zuständig waren. In Hochleistungsteams bedarf es jedoch an Professionisten in allen Belangen. Dies führt auch schon zu der zweiten Stufe im 5-Stufen-Modell.

Jürgen Klinsmann wollte in jedem Teilbereich mit den besten der Besten zusammenarbeiten. Jeder war für seinen Teilbereich verantwortlich und musste natürlich auch seinen Kopf dafür hinhalten. Die Rekrutierung erfolgte nach einem strikten Schema, zumal fachliche sowie menschliche Qualitäten stimmen müssen. Dies wurde folgendermaßen umgesetzt: Es musste zumindest einer des Führungsteams (Klinsmann, Löw und Bierhoff) einmal mit dem nominierten Experten erfolgreich zusammengearbeitet haben.[8] Dieses Vorgehen zeigt die Wichtigkeit einer guten Reputation. Ein gut funktionierendes Netzwerk und noch dazu ein guter Ruf sind heutzutage immens wichtige Kriterien für einen guten Job.

---

[1]Weltmeisterschaft: Weltmeister in den Jahren 1954, 1974, 1990, zusätzlich einige 2. und 3. Plätze
Europameisterschaft: Europameister in den Jahren 1972, 1980, 1996, zusätzlich einige 2. Plätze

Der nächste Schritt war dann die Frage der Umsetzung. Eine klare Strategie musste ausgearbeitet werden. Deutschland war nie eine Mannschaft, die mit spielerischen Qualitäten auftrumpfte. Es wurde immer an den alten Tugenden wie Kampfstärke und -geist, gute Defensive und Härte festgehalten. Jedoch konnte man mit diesen Tugenden im modernen Fußball nicht mehr viel gewinnen. Es wurde ein komplettes Umdenken angestrebt. Das Spiel nach vorne, Druck machen, agieren statt reagieren waren nun die verwendeten Ausdrucksformen. Die Spieler wurden in diesen Change-Prozess verstärkt mit einbezogen, denn sie sind es, die diese Tugenden leben müssen.[8] Meiner Meinung nach war dies das zweitwichtigste Kriterium für den Erfolg. Denn ein Festhalten an alte Gewohnheiten, die vielleicht einfach und angenehm umzusetzen sind, jedoch nicht mehr zeitgerecht sind, führt unweigerlich zu Rückschritt und Niederlage.

Nachdem die Vision und die Strategien definiert wurden, begann der Umsetzungsprozess. Jeder Einzelne des Expertenteams konzentrierte sich auf seine Stärken und verblieb in seinem Kompetenzbereich. Beispielsweise nahm Jürgen Klinsmann die Rolle des Mentors ein. Er war für die Koordination und Moderation zuständig. Zusätzlich hat er die Gabe, jeden Einzelnen zu Höchstleistungen zu motivieren. Er hatte auch den Mut, teils außergewöhnliche Trainingsmethoden anzuwenden, wie z.B. den Einsatz des amerikanischen Fitnesscoachs Marc Verstegen, der die Spieler mit Gummitwistbändern arbeiten ließ. Hinsichtlich taktischer Angelegenheiten war Joachim Löw der Verantwortliche. Er entschied über Taktik und Strategie, die nicht selten so manchen Journalisten überraschte. So war jeder Experte in seinem Teilbereich, weshalb sich ein effizienter Zustand einstellen konnte.

Der letzte wichtige Punkt im Change-Prozess war es, die Ansätze im Alltag zu verankern. Es gingen schon viele Change-Prozesse vonstatten, bei denen der Prozess zu stark auf eine einzige Person fixiert wurde. Dies funktioniert bis der Manager das Unternehmen verlässt. Jedoch gerät der Wandel danach schnell ins Stocken. Alte Gewohnheiten kehren wieder zurück und vieles war vergebens. Dieses Phänomen kannte Klinsmann gut, weshalb er von Anfang an versuchte, eine Struktur zu schaffen, die größtenteils unabhängig von Personen funktioniert. Nur so gelang es den Erfolg aufrechtzuerhalten, als Klinsmann das Führungstrio verließ. Die Probleme wurden nicht von Individuen gelöst, sondern aus der Gemeinschaft heraus behandelt.[8]

Leadership ist nicht so sehr eine Frage der Rolle, des Status oder des Titels.
Die Frage ist: Werden dir die Leute folgen, wenn man dir
Titel und Status wegnimmt?
Gary Steel (Personalvorstand von ABB)

Literaturverzeichnis

[1] W. Jenewein and M. Heidbrink, *High-Performance-Teams. Die fünf Erfolgsprinzipien für Führung und Zusammenarbeit.* Stuttgart: Schäffer-Poeschel Verlag, 2008.

[2] K. Lurse, A. Stockhausen, W. Bretschko, K. Hoffmann, M. Hummel, F. Schuller, and R. Kösters, *Manager und Mitarbeiter brauchen Ziele. Führen mit Zielvereinbarungen und variable Vergütung.* Neuwied: Luchterhand Verlag, 2001.

[3] S. Milgram, *Das Milgram Experiment. Zur Gehorsamsbereitschaft gegenüber Autorität.* Reinbek: Rowohlt Verlag, 1982.

[4] P. Zimbardo, *Das Stanford Gefängnis Experiment. Eine Simulationsstudie über die Sozialpsychologie der Haft.* Goch: Santiago Verlag, 2005, vol. 3.

[5] (2010, 10). [Online]. Available: http://www.wirtschaftslexikon24.net/d/aufbauorganisation/aufbauorganisation.htm

[6] (2010, 10). [Online]. Available: http://www.wirtschaftslexikon24.net/d/ablauforganisation/ablauforganisation.htm

[7] (2010, 10). [Online]. Available: http://www.dfb.de/index.php?id=500154

[8] W. Jenewein, F. Rehli, and M. Heidbrink, "Führung von high performance-teams. vorzeigemodell dfb-team," *Insight*, vol. 09, no. 01, pp. 6–8, 01 2009.

Abbildungsverzeichnis

Tabellenverzeichnis